INVENTAIRE

S 27,282

I0075818

S

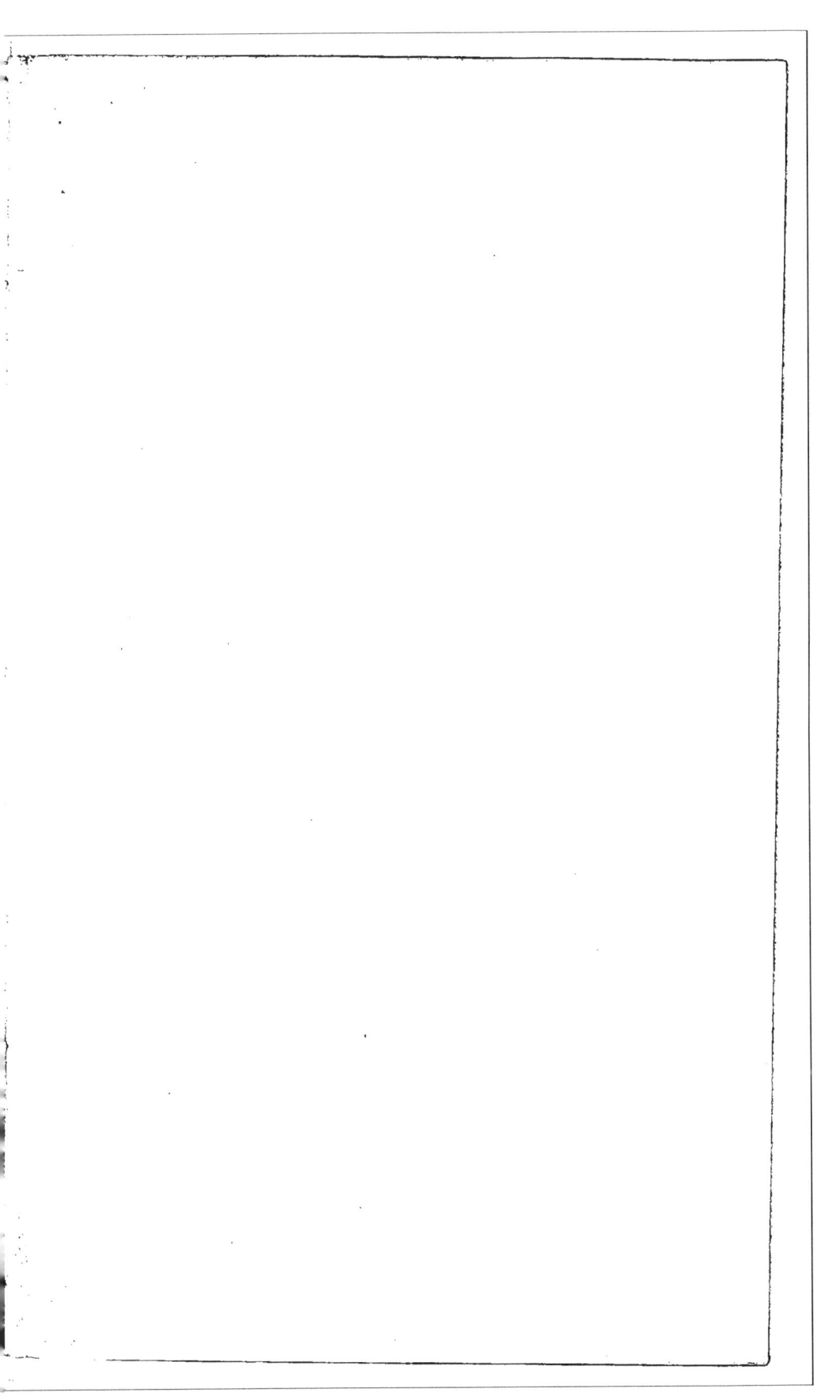

27282

Simeon (aîné)

OPUSCULE

SUR LES ENGRAIS

OU FUMIERS,

Pour l'amendement simple, facile et très-économique des Terres.

———

Dans trois ans, le domaine le plus ingrat sera en plein rapport en suivant mes procédés. Le propriétaire, qui avait jadis cent voitures de fumier, les multipliera, par mon procédé, jusqu'à mille par an avec les mêmes pailles et bétail.

———

MÉTHODE CLAIRE, mise cette année en pratique chez différens gros bien-tenans, et qui a été couronnée du plus brillant succès.

———

MANIÈRE DE SOIGNER LES COLOMBIERS, de préserver les pigeons des insectes préjudiciables, comme punaises, poux, etc., qui les forcent à déloger et s'établir aux endroits voisins. Ceci se rattache essentiellement aux engrais par rapport à la colombine, *stercus columbinum*, fumier très-estimé.

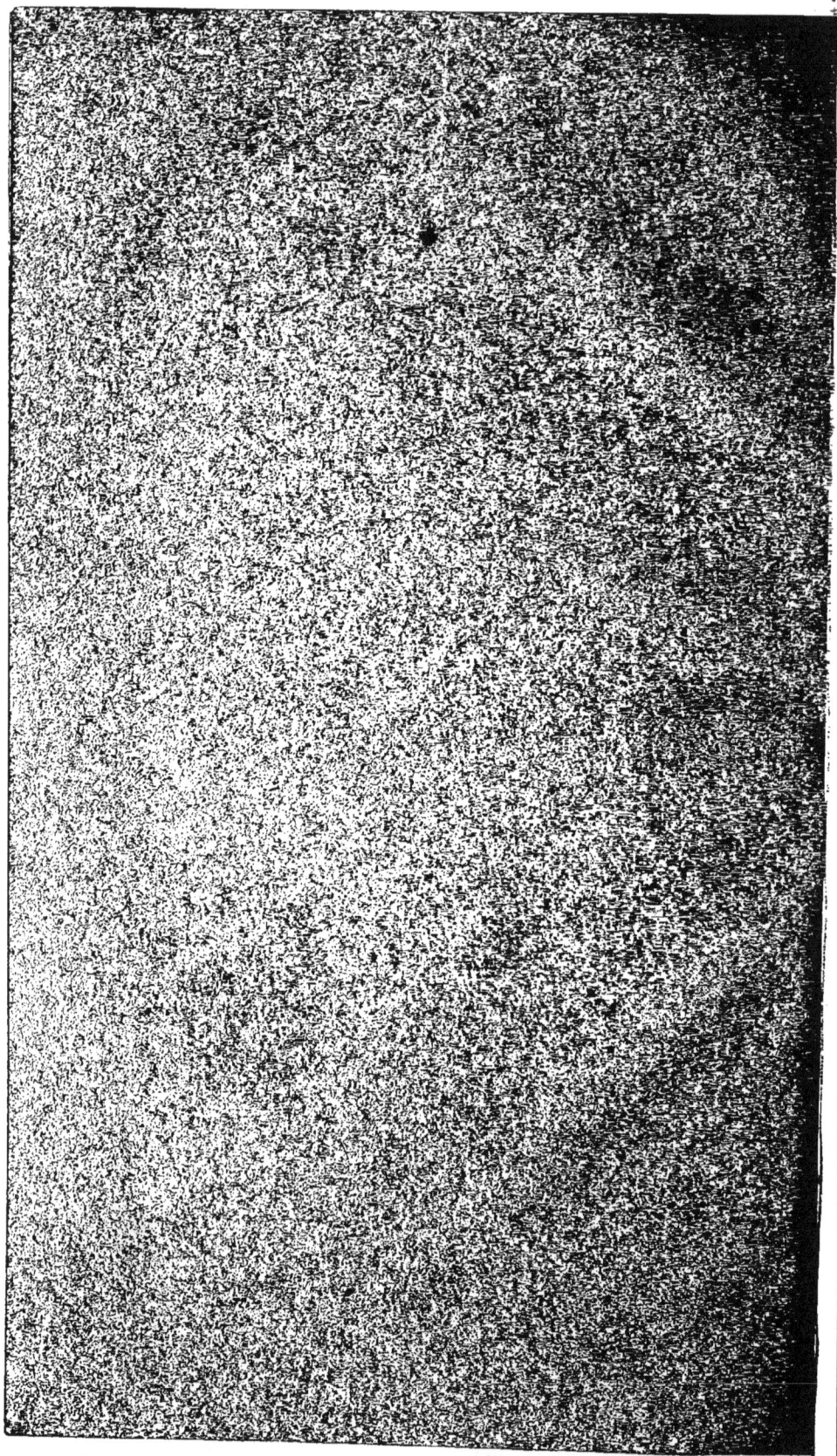

L'ART
DE LA STERCORATION,

ou

LES LOISIRS D'UN AGRICULTEUR-PRATICIEN

RETIRÉ A LA CAMPAGNE ;

MÉTHODE pour fabriquer une quantité immense de
Fumiers ou Engrais, qui dureront huit ans, tandis
que les Fumiers ordinaires sont évaporés dans deux
années ;

Par M.r FRANCÈS aîné,

Agriculteur-Praticien , Vérificateur et Estimateur de Propriétés
rurales, Propriétaire habitant de Toulouse, Licencié en Droit,
Pensionné du Gouvernement, Membre correspondant de la Société-
mère ou Linnéenne d'émulation de Bordeaux, de celle du départe-
ment de Seine et Marne, et autres Sociétés savantes, etc.

DÉDIÉ A S. EXC. M.GR LE MINISTRE DE L'INTÉRIEUR.

PRIX : 1 fr. 25 c.

A TOULOUSE,

De l'Imprimerie de Jn-Meu DOULADOURE, rue
Saint-Rome , n.° 41.

1822.

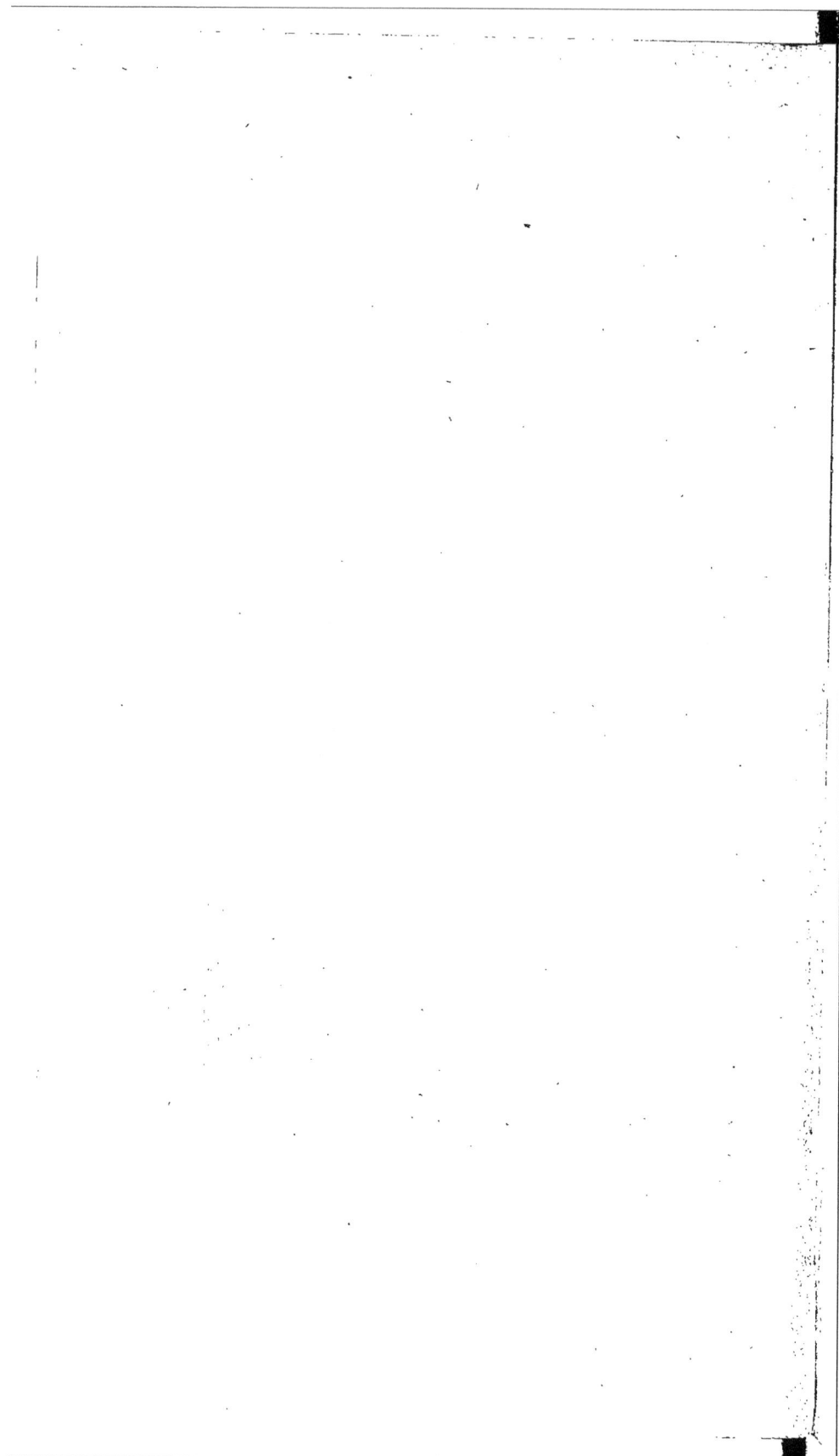

L'ART
DE LA STERCORATION.

Creusez, fouillez, bêchez, ne laissez nulle place
Où la main ne passe et repasse ;
Un trésor est caché dedans.
La Fontaine, *Fragment de la Fable du*
Laboureur, Liv. V, Fab. 9.

O ui, Messieurs les Propriétaires, l'aimable et savant
Fabuliste nous donne, d'une manière amphibologique,
une grande leçon en peu de mots, qui contient de
vastes idées ; elles sont sublimes pour un agriculteur.

Ce n'est pas seulement du mécanisme de la bêche
et de la fouille qu'il entend parler ; élevons nos idées
plus haut, et comprenons que l'avis de ce grand
homme, en le disséquant et le digérant, veut nous
dire de mettre notre esprit à la torture pour chercher,
trouver ou deviner des moyens nouveaux et amélio-
ratifs pour rencontrer sur nos domaines le trésor
caché, qui y existe réellement. Mais l'apathie la plus
évidente règne souvent parmi les propriétaires ; la
négligence est à son comble : c'est pour cela que ceux
qui bêchent, fouillent et creusent, ont souvent, sur
vingt arpens de terrain, autant de produit que ceux
qui en possèdent trois cents.

Ceux qui ont de vastes domaines, et qui n'ont point
le goût de l'agriculture, les livrent souvent entre des
moins inhabiles, ou à des gens qui ne rêvent qu'à se
faire une retraite, d'une mission importante à eux
confiée pour les intérêts de leurs commettans.

Pourquoi verra-t-on presque toujours un arpent

A 2

de terre, appartenant à l'estimable habitant de la campagne, que l'on appelle souvent par dérision *paysan*, dont la profession n'a rien que d'honorable, porter autant de récolte que dix arpens de certains domaines négligés ?

La raison est claire ; c'est qu'il trouve le filon de la mine en cherchant le trésor ; c'est qu'il amende les terres ; c'est qu'il les travaille avec le plus grand soin, qu'il donne les façons à propos, qu'il fabrique chez lui du fumier, qu'il extrait les herbages nuisibles, qu'il procure à son terrain les sels végétatifs, qu'il écoule les eaux, enfin qu'il parvient à récolter vingt pour un, tandis que sur un terrain d'égale qualité, certaines gens n'ont que trois.

J'aborde en partie le sujet de mon Opuscule.

La stercoration, ou l'art de fabriquer les fumiers ou engrais, date des temps les plus reculés ; c'est le meilleur moyen de redonner à un champ sa fécondité épuisée ; il est consacré par l'expérience la moins douteuse.

Les auteurs ne sont point d'accord sur le point de savoir quel fut le premier homme qui amenda son terrain par le moyen essentiel des fumiers ou engrais.

L'Italie mit Stercutius, un de ses anciens rois, au nombre des dieux, pour avoir inventé le premier l'art de fertiliser les terres par le fumier : « *Italia* » *regi suo Stercutio Fauni filio, ad hoc inventum immor-* » *talitatem tribuit*, dit Pline, *Hist. nat., lib.* XVII, » *cap.* 9. »

Les Grecs, qui veulent que tous les arts viennent d'eux, disent qu'Augias, roi d'Élide, si fameux alors pour le fumier de ses étables, remplies de milliers de bœufs, est l'inventeur de la stercoration, et qu'Hercule, qui enleva tout le fumier de ses écuries, apprit à l'Italie le secret de fumer les terres.

Il est positif que les anciens ont parfaitement reconnu la nécessité d'amender les champs. Virgile, dans ses Géorgiques, en recommande sans cesse la pratique; il fut très-étonnant alors qu'Hésiode condamnât l'usage des fumiers pour réparer les terres. Il est vrai que cet ancien témoigne dans ses ouvrages, qu'il était persuadé que le fumier corrompait l'air et empestait les plantes.

Les siècles suivans ont fait justice sévère des appréhensions de ce gothique personnage; et les idées surannées de cet écrivain empesté dans son opinion, en riant de sa doctrine ruineuse et affamatoire, ne nous empêcheront pas de communiquer à la terre toute la fécondité dont elle peut être susceptible; on a fait même de la pratique de fumer les terres un art que l'on a nommé *stercoration*. C'est encore par le soin que prenait un laboureur de pratiquer cet art, que l'on jugeait du mérite d'un habile père de famille.

Ce terme de *stercoration* est tellement consacré chez les anciens, pour signifier l'art de fumer les terres, que l'on disait en proverbe, parmi les Grecs et les Romains, que les yeux du maître étaient un merveilleux engrais pour les champs : *Optima stercoratio vestigia domini*; c'est Plutarque qui nous a conservé ces paroles si sensées.

De notre temps, un vieil adage nous dit : *L'œil du maître engraisse le cheval.* Oui, Messieurs les Propriétaires, l'œil partout, en toutes choses, et surtout en agriculture; partout où vous ne serez pas, vous ou vos chargés d'affaires, vous serez sacrifiés.

Les anciens ont aussi donné à Saturne le nom de *Stercutius*, parce que, disent-ils, il a le premier inventé l'art de fertiliser la terre par les engrais. L'abondance qu'il produisit parmi les hommes en faisant fumer les champs, a fait dire de son règne, que c'étaient les beaux

A 3

et heureux jours du monde, ou le siècle d'or. *Macrob. Saturnal.*, *lib.* I, *cap.* 7.

Il n'y a plus aujourd'hui deux partis là-dessus; tout le monde est d'accord sur cet article important, et les fumiers sont le moyen le plus efficace de redonner la fertilité à un fonds qui n'en a pas, ou pour le retablir, par de nouveaux sels, dans une terre qui a été épuisée par des végétations fortes et continuelles.

Mais, puisque tout le monde convient qu'il faut amender son terrain, pourquoi se fait-il qu'il y ait des propriétaires qui, convaincus de cette vérité fondamentale de toute agriculture, n'emploient pas tous leurs moyens à fabriquer une grande quantité d'engrais? C'est peut-être qu'ils ignorent le vrai moyen.

Le sujet de mon Opuscule sera de montrer la méthode simple, économique et facile d'atteindre ce but si extraordinairement essentiel, à peu de frais.

Quelques personnages légers, frivoles et étourdis, ont l'air de mépriser un cultivateur, ou agriculteur: c'est qu'ils n'ont rien lu, et par conséquent rien approfondi; ils sauraient autrement que ce peuple si fameux dans l'histoire, et duquel nous tenons nos lois fondamentales (*le Peuple Romain*), appela, après un conseil du Sénat, Attilius, qui semait son champ, pour l'honorer dans Rome du consulat; que L. Quintius Cincinnatus était à la charrue quand on lui vint annoncer qu'il avait été créé dictateur.

Ainsi laissons cette classe d'hommes blâmer dans la société, dont peut-être ils sont le fléau; car ce qu'ils prétendent être une vie obscure et méprisable, est une profession toute honnête, et qui a ses agrémens; il ne ne s'agit que d'avoir de la philosophie, et de connaître la partie des champs, pour y trouver des délices qu'ils ne sont pas dignes de goûter. Ecoutons le père de l'éloquence (*Cicéron*); il ne parle pas tant par étude que par sentiment, comme il le déclara en debutant par ces paroles :

« Parlons, dit-il, de la félicité des agriculteurs, que véritablement je goûterais avec des plaisirs inexprimables. »

Le ménage, les mets, les jeux, les délices de la campagne, source réelle de la santé, tout y est exactement détaillé.

« L'on y voit mûrir une grappe de raisin avec plaisir, on se promene dans ses jardins, on fait greffer des arbres, on fait serrer son blé de peur qu'il ne devienne la proie des oiseaux, on va admirer les mouches à miel, on goûte son vin, on descend dans la basse-cour, on voit ses volailles et ses bestiaux, on parle de physique, on raisonne sur la force concentrée d'une petite graine, qui se developpe dans la terre, et produit de si grands arbres.

» Je ne m'étonne pas, ajoute Cicéron, si tant de grands hommes ont volontairement abdiqué les grandeurs du Gouvernement, pour se dévouer à l'agriculture. »

Cicéron a fini de parler, et le style va changer, car ce sera le mien.

Quant à moi, qui prétends finir mes jours à la campagne, tant c'est mon goût, je chercherai, j'étudierai les secrets de la nature, et sur-tout la manière et les méthodes de procurer d'abondantes récoltes par le moyen des engrais. J'espère, avec de la persévérance et des soins assidus, atteindre le but que je me suis proposé; déjà des succès couronnent mes innovations : ainsi, allons en avant, observons, écrivons, prenons de nouvelles notes, et faisons part à nos concitoyens de ce que nous avons reconnu d'essentiel : il faut, dans le monde, pour plaire aux autres, être *utile* ou *agréable* : utile, voilà des vues.

solides ; agréable , c'est le métier des baladins ; ainsi fixons-nous à l'utile, et prouvons-le par des observations matérielles.

Quelque excellente que soit une terre, elle s'épuise et s'use , parce que les sels végétatifs s'évaporent par de fréquentes et fortes productions des plantes qu'on y cultive ; il faut donc réparer cette dissipation , et restituer à cette terre ce qu'elle avait perdu en produisant, si l'on veut entretenir sa fécondité, et la rétablir au même état qu'elle était quand on a commencé à la faire produire , ou travailler à la végétation des graines et des plantes dont on lui a confié la nourriture.

A parler proprement, ce n'est point la terre qui s'use dans sa substance ; car enfin , quelques amples productions qu'elle fasse , on ne voit point qu'elle dépérisse ni qu'elle devienne à rien ; ce sel précieux qui l'anime , et qui est le principe de sa fertilité (*le sel végétatif*) , se trouve épuisé par la nourriture continuelle que cette diligente mère a donnée à ses enfans.

C'est donc ce sel précieux qu'il s'agit de lui redonner par les engrais , afin de la rendre aussi fertile qu'elle était : et voilà précisément ce que j'appelle amender ou améliorer une terre ; ce qui est tout l'art de la stercoration.

Cette amélioration se fait par le moyen des fumiers, et mieux encore par le moyen des terreaux ; et ce dernier procédé est plus avantageux et plus durable : c'est ce que j'enseignerai à pratiquer dans le cours de mon ouvrage. La bonne, sage et économique fabrication sera le sujet de longues et utiles observations, qui, toutes basées sur l'étude attentive des auteurs recommandables , accompagnées de mes faibles connaissances particulières , et puis ma pratique , me feront atteindre un but aussi utile.

Que nul homme moderne ne se flatte d'innover et de perfectionner un art, s'il ne commence par consulter les auteurs anciens, qui tous ont approfondi les choses ; quelques-uns ont erré, les arts se sont raffinés, mais la vraie source est là.

Il faut lire beaucoup, s'accoutumer à la solitude, et chercher à se donner à soi-même raison des choses que l'on croit souvent hors de sa portée ; l'étude et la persévérance dans une partie font presque toujours réussir.

Cependant les sciences, l'expérience nous guident, et les auteurs modernes, quoique quelquefois abstraits, découvrent et enseignent des nouveautés très-essentielles par l'étude des choses matérielles.

Car je suppose que dans un ouvrage de deux cents pages, il y en ait cinquante qui soient oiseuses, ou sans mérite ; si le reste est essentiel et utile, c'est toujours bon à lire : prenez le bon, laissez l'inutile.

Tout écrit suppose des connaissances dans la partie que l'on traite ; et je défie quel auteur que ce soit, d'établir le plan et le canevas d'un ouvrage, sans un goût particulier de la chose et de réelles connaissances.

L'on ne peut écrire et raisonner que sur ce que l'on connaît, et dont on a de vrais principes fondamentaux.

Au reste, observateur des champs, et par conséquent de leurs productions, habitant la campagne, où je désire finir mes jours, n'aimant plus la ville ni le grand monde, je dirai en passant, car il faut mêler dans un ouvrage, pour en soutenir l'intérêt jusques au bout, beaucoup d'utile, mais un peu d'agréable, qu'il en est de la ville et du grand monde comme de la mer.

Ne vous fiez pas à la mer, et point du tout aux

gens du monde ; ce sont deux choses à voir de loin, et où il vaut mieux être spectateur qu'acteur. Le monde est un grand théâtre ; chaque individu joue son rôle, et la nuit tous les acteurs sont couchés, pour le lendemain reparaître sur la scène.

La guerre est une belle chose quand on en est revenu.

J'aime la vie champêtre, ma solitude me plaît.

Vers à l'appui de mes idées ad hoc.

Je ne vois plus ici les vices,
Leur empire est ambitieux ;
Ils dédaignent ces petits lieux
Où n'habitent que les délices.
Cette exécrable faim de l'or
N'a pas fait arriver encor
L'art de tromper et de surprendre :
Sur mes champs et sous mes ormeaux,
Les embûches qu'on y vient tendre,
Ne sont que contre les oiseaux.

Tous les goûts sont dans la nature ; la campagne, qui est un genre de solitude, me plaît : tout le monde ne l'aime pas. Mais distinguons.

Il y a trois genres de solitudes :

La 1.re est une solitude de bête ;

La 2.me est une solitude de philosophe ; c'est celle de l'agriculteur ;

La 3.me est celle d'un chrétien.

La solitude de bête, est celle de ces gens qui se confinent à la campagne définitivement, sans penser à l'éducation de leurs enfans, pour y manger, boire, faire digestion, dormir, n'y donnant aucun signe de vie, si ce n'est d'une vie toute animale.

La solitude du philosophe agriculteur instruit, est celle d'un contemplatif, qui se rend le spectateur attentif et sérieux de toutes les productions étonnantes de la nature, dans les diverses saisons de l'année ; qui, en les étudiant, les combine et les calcule ; qui profite par conséquent d'une faute une année, pour l'éviter l'année à venir, et qui cherche toujours à améliorer.

Jamais d'entêtement en agriculture ; l'expérience dit tout : la routine est une vraie sotte ; elle n'est bonne (je veux dire mauvaise) que pour cette classe de gens, qui, voyant qu'ils font mal, aiment mieux continuer à se préjudicier, pour ne pas convenir de leur tort, et qui, par un amour-propre déplacé et préjudiciable, ne veulent pas agir d'après les bonnes méthodes, pour ne pas convenir qu'un autre en sait plus qu'eux.

Je connais un homme qui suit de point en point tout ce qu'il voit faire ; qui, dans son manoir, pratique ce qu'il critique toujours dans le public ; il se dit *in petto :* c'est excellent ; il le fait, et tâche toujours que cela ne prenne pas.

Revenons aux idées attachées à l'agriculteur philosophe : le ciel, la terre, la mer, sont successivement les objets de ses méditations ; il admire l'alternative éternelle du jour et de la nuit, la succession immuable des saisons ; il voit le soleil monter le matin sur l'horizon, et descendre le soir dans un autre hémisphère : toutes ces belles visions ne doivent pourtant pas le fixer ; il doit s'attacher à améliorer ses terres ; il doit chercher à découvrir des moyens nouveaux pour faire rapporter ses champs.

Sénèque, dans ses beaux ouvrages, condamne toute contemplation oiseuse ; et si un païen parle ainsi à des païens, dans son livre *du Loisir du Sage, chap. 31,* que devons-nous attendre des obligations d'un chrétien dans sa solitude ? Il faut donc que la retraite du chrétien aille plus loin ; je veux dire, que ses idées se portent plus haut : il a des devoirs plus étendus et plus pressans.

Pline, dans les ténèbres du paganisme, a dit que le Sage ne doit regarder la beauté des fleurs et des récoltes, sans songer en même temps à leur fragilité, et que ces beautés fuyantes et passagères sont des avertissemens pour nous en faire chercher une qui soit éternelle.

Le lecteur me pardonnera ces digressions par rapport aux idées de morale.

Je reviens aux engrais.

Il est supeflu de raconter comment, d'après la routine, l'on fait du fumier ; certes rien n'est plus aisé, sur-tout d'en faire aussi peu en suivant les erremens de nos très-honorés ancêtres.

Tout le monde sait que les pailles, chaumes, feuilles d'arbres, fagots de bois, joints aux excrémens des animaux, ou établis dans des eaux en putréfaction, font des engrais. Cela est du vieux nouveau à raconter ; mais ce qui est véritablement du nouveau réel, c'est la méthode de faire mille charretées de fumiers-terreaux excellens, qui dureront huit ans, avec peu de frais, sur une métairie de deux paires de labourage, où il y en avait jadis cent.

L'on criera au charlatanisme : eh bien, celui qui me défierait, à ce sujet, se verrait trompé avantageusement, car il en retirerait un grand profit pour ses domaines. Je me charge de les lui faire établir.

Mais avant de parler de ma méthode claire, évidente, et qui est déjà éprouvée, je dois dire qu'il y a des règles dont il ne faut pas s'écarter, si l'on veut retirer un grand profit de l'usage des fumiers ordinaires, et sans lesquelles, au lieu d'abonnir et de fertiliser une terre, on court risque de la brûler, et de faire périr toutes les plantes qu'on lui confie.

Il faut observer qu'il y a des fumiers plus chauds les uns que les autres, et qu'il y en a de plus gras et de plus humides, qui ne conviennent pas à toutes sortes de fonds. Mes terreaux, soit dit en passant, sont propres pour tous les terrains.

Parlons des fumiers de la routine.

Si la terre que l'on veut amender suivant la vieille marche est sèche et sablonneuse, l'on doit y employer les fumiers les plus gras, comme sont ceux des bœufs, des chevaux et des mulets : ceux des cochons sont peu estimés à juste titre.

Si la terre, au contraire, est forte, humide et pesante, il lui faut donner des fumiers chauds et légers, comme ceux des moutons, la colombine, le résidu des poulailliers ou *gallinarium* ; le marc du vin ou des vendanges est très-bon aussi ; les boues que l'on ramasse dans les rues sont admirables, lorsqu'elles sont employées à propos.

Quant à la quantité, elle ne doit être ni trop petite, ni excessive ; l'excès est dangereux, comme de n'en pas mettre assez est un secours qui, pour n'être pas suffisant, devient presque inutile, sur-tout dans les terrains maigres : l'usage en doit donc être modéré ; et tout le secret consiste à se renfermer dans cette juste médiocrité, qui doit amender et échauffer la terre, et non pas l'enflammer ou la rendre brûlante.

Le temps propre pour fumer les terres est depuis le commencement de novembre jusque vers le milieu de mars. La fin de l'automne et tout l'hiver sont uniquement destinés à faire les utiles amendemens, parce que les fumiers ayant besoin d'être consommés, afin que les sels qui y sont contenus pénètrent la surface de la terre, il est besoin, pour cette consommation parfaite, des pluies abondantes de l'automne et de l'hiver, qui achèvent heureusement de pourrir le fumier, et de répandre la substance saline végétative dans les endroits d'où les plantes tirent leur nourriture.

Précautions excellentes pour le fumier des routiniers. Les miens, qui sont des terreaux imbibés des sucs nutritifs des engrais, placés dessus et dessous pour matière fermentescible, sont consommés en entier, et peuvent être portés dans tous les temps sur les champs. Au reste, nous en faisons tellement, que nous ne saurions où les loger, et que même ils perdraient de leur qualité exposés à l'air libre. J'aime mieux les faire transporter au fur et à mesure de leur enlèvement; la terre pompe les sucs, s'en nourrit, et devient alors parfaitement amendée.

Il faut bien se garder de mettre le fumier trop avant dans la terre, d'autant que les humidités qui dissolvent les sels végétatifs, les emportent avec elles trop bas, dans son sein où les racines des plantes ne pénètrent point; alors le fumier est absolument inutile.

Il doit donc être répandu à la superficie des terrains; faire autrement, ce serait tomber dans l'absurdité d'une blanchisseuse, qui mettrait les cendres au fond du cuvier, au lieu de les répandre au-dessus du linge qu'elle veut décrasser.

Enfin, l'on parvient à la perfection de l'art des engrais; si on les emploie de telle sorte, qu'on rende la terre mobile, pour qu'elle puisse recevoir le bénéfice de la rosée et des pluies. Cette observation est de la dernière importance; on ne la doit jamais perdre de vue.

J'ai fait cette année une expérience qui m'a réussi au point qu'un terrain, jusqu'à présent très-ingrat, a produit un blé magnifique, et qui étonne tout le pays.

Après avoir donné à un champ toutes façons convenables, et sur-tout une dernière croisant les autres à petites raies en travers, en patois *régo primo* ; c'est la façon où il est impossible aux laboureurs paresseux de vous tromper ; ils ne peuvent laisser du terrain inculte par ce moyen ; ce qu'ils appellent *couissis* dans leur idiome. Après cette opération vraiment agronomique, je fis prendre aux laboureurs de très-petites oreilles de charrue, *miéjo mousso* en patois. Je fis porter sur ce champ les terreaux que j'avais faits par ma méthode, que l'on verra détaillée dans le courant de mon Opuscule. Je les fis répandre de suite, et recouvrir par un labour, je fis semer dessus le blé, le fumier se mêla avec la terre, touchant le froment dont cette céréale s'est nourrie abondamment, et a produit, au moment où j'écris, un blé des plus beaux que l'on puisse voir, tandis, je le répète, qu'il était horrible les autres années. Les feuilles sont noires, larges et de la plus belle espérance.

Au reste, ceux qui font couvrir, en semant leur champ, avec la grande oreille de la charrue du travail ordinaire, se préjudicient considérablement.

J'ai remarqué l'année dernière, dans plusieurs champs de chaume, qu'aucune jambe de blé n'était enterrée par ses racines à plus de trois à quatre pouces. J'en arrachai devant plusieurs paysans, ils en firent autant, et nous n'en trouvâmes pas de plus profondément fondées.

Je tire donc la conséquence juste, que tout ce qui est enterré plus bas ne naît pas, et c'est ce qui arrive avec l'oreille ordinaire de la charrue des labours, qui recouvre trop profondément les céréales.

Pour les façons, l'oreille ordinaire.

Pour les semences, demi-oreille, *miéjo mousso* en patois.

Il faut aussi se rappeler que la grande oreille de la charrue enterre trop avant les fumiers, qui deviennent, pour l'année, d'une absolue inutilité, les sucs nutritifs étant enfouis trop bas, les racines des plantes étant à la superficie. Je dis pour l'année; car aux autres façons, l'année à venir, l'on remet le fumier à la superficie, mais il est élaboré et de presque aucune valeur réelle ou intrinsèque.

Propriétaires ruraux, détachez-vous des anciens usages ruineux; vous voyez tous les jours les arts mécaniques et les sciences faire des progrès et des innovations utiles. Pourquoi voulez-vous vous préjudicier, en continuant de mal faire?

Je conviens qu'il est difficile de faire changer de méthode à un vieux laboureur ou cultivateur. Arrivée à un certain âge, cette classe de gens aurait presque honte de revenir à l'école; s'ils lisent des ouvrages, ils conviennent *in petto* qu'il y a du bon, mais ils reviennent à leurs ruineux et gothiques usages; ils se figurent qu'ils en savent assez; cependant *audiens sapiens, sapientior erit.*

J'ai trouvé dans plusieurs auteurs que le sel est le principe de toute fécondité. Le sel est la partie active, l'humus est la partie nutritive.

Il ne faut pas confondre : il y a plusieurs genres de sels. Si, quant aux plantes, l'on entend le sel végétatif que l'on procure à la terre, par de bons et profonds labours, par la rosée, par les engrais et par les pluies, je suis d'accord; mais dire que le sel généralement parlant est le principe de toute fécondité, c'est une erreur palpable; car partout où il y a des salorges, la stérilité la plus complète existe.

Un autre auteur dit : « Qui voudra examiner le » principe de toute fécondité, n'en trouvera pas d'autre » que le sel. »

Pline

Pline a dit : *Sale et sole nihil totius corporibus uti-lius. Hist. nat. , lib. 31 , cap. 9.*

Je pense que ce célèbre naturaliste a compris dans son mot de *corporibus*, les corps végétatifs : dans cette hypothèse, il aurait dû ajouter la pluie et les engrais.

C'est pour cela que les poètes, qui furent les premiers philosophes, ont feint que Vénus était fille de l'Océan, et que la déesse Salacia en était la femme, pour nous apprendre que le sel est le principe de toute fécondité, et qu'il n'y a point d'élément si fécond que la mer, qui produit incomparablement plus d'animaux, plus grands, plus divers, plus sains, et de plus longue vie que tous les autres. Aussi ont-ils donné toujours plus d'enfans aux dieux marins qu'à ceux de la terre.

Les prêtres d'Isis, qui connaissaient, disaient-ils, cette vertu du sel n'en usaient pas, pour se conserver dans la pureté que demandait leur ministère profane.

Si ces différens auteurs eussent été chefs ecclésiastiques de notre siècle, ils auraient interdit le sel aux séminaristes, qui n'auraient eu que du *fade*.

Ce n'est pas que je compare des idolâtres à des chrétiens ; mais faisant la critique de quelques erreurs fugitives, j'ai passé cet article en plaisanterie.

Le sel de l'Evangile, la morale chrétienne, tient lieu à nos pasteurs, de ces précautions physiques, qui au reste sont de nul effet chez l'homme immoral.

Cessons de croire que le sel proprement dit soit le principe de toute fécondité. Si l'on parle des sels végétatifs que la terre, par le moyen que j'ai détaillé, a acquis, j'en conviens quant au règne végétal. Les autres sels, marins ou composés, rendraient, et je le prouverai dans le cours de mon Opuscule, une terre totalement stérile.

Pour appuyer mon raisonnement de preuves authentiques, je citerai le fait suivant :

B

L'année dernière, au mois d'avril, je voyageais dans le Bas-Languedoc, dans la seule vue de m'instruire. Je parcourais en observateur des champs une vaste plaine; je n'y vis point de culture; et prenant dans main du terrain, je le trouvai de bonne qualité; c'était du *terre-fort*. Je demandai à un berger pourquoi les habitans du pays avaient délaissé ce terrain: il me répondit: Monsieur, les sels l'ont gagné; il est perdu pour jamais, quant à la végétation. Il me dit cela dans son langage bizarre, mais que je compris fort clairement.

Autre preuve. Après le sac des villes, je crois même de Jérusalem, les Romains, ces fiers conquérans, pour affamer leurs nombreux ennemis, et les réduire, sinon par les armes, au moins par la faim, avaient le soin de faire répandre une quantité extraordinaire de sel sur les terres, pour les rendre stériles, et empêcher, par ce moyen peu loyal, leurs ennemis de se ravitailler et de revenir en force les attaquer.

Voilà des preuves quant au règne végétal.

Pour prouver d'une manière claire que le principe est faux quant au règne animal, je demanderai à ceux qui professent cette doctrine, d'où vient l'affreuse stérilité de la mer de Sodome, ou la mer morte? Le voici: ce sont les salorges, et par conséquent sa salure extrême. Aucun animal n'y peut vivre; dès qu'on y jette un poisson, il expire à l'instant; si un homme a le malheur d'y tomber, le moment de sa chute et de sa disparution est celui du trépas.

Je pense alors prouver que le principe de toute fécondité, le sel, qui tue dans ces endroits, n'est pas un principe vital.

Ces raisonnemens sur les sels manquent évidemment du sel de la raison.

D'après ce, classons et distinguons, autrement nous

rentrons dans le chaos, faute de s'entendre et de parler de tout en général.

Les sels végétatifs, ou principes de la fécondité des terres, ne sont point du tout comparables aux autres; les uns fécondent, les autres produisent la stérilité.

Citons encore : Dans les jardins des villes, où l'air crasse est renfermé, les arbres fruitiers périssent souvent par le salpêtre. Certainement le nitre contient des sels en quantité, car c'est le principe de cette invention affreuse (*la poudre à tirer*); eh bien, il les tue; car quand un jardinier habile plante des arbres dans ces endroits, il fait les fosses, et puis il fait tranporter de la glaise, terre froide et crue, pour amortir cette vivacité extraordinaire des sels, qui les absorbe et les corrode, et par conséquent les consume peu à peu.

Ainsi allions, combinons tout; mais cessons de croire à des raisonnemens qui, comme on le dit trivialement, ne sentent ni *le sel ni le poivre*, quoique traitant toujours des sels.

Tous ces salés discours, surtout un que je lus un soir avant de me coucher, me fit une telle impression, vu qu'il disait que sans le sel qui est dans notre corps, nous tomberions en poussière, qu'il me fit rêver qu'étant allé à la pluie, je m'étais fondu à moitié : je fus fort en peine; mais, bien éveillé, je m'aperçus évidemment que j'étais entier.

Vous dites que nous ne pourrions exister sans les parties salines : que serions-nous sans les parties muqueuses ? D'ailleurs tout le monde sait que le sel préserve les viandes de la putréfaction. Si notre corps, comme vous le prétendez, était composé d'autant de sel que vous le dites, nous ne tomberions pas si vîte après notre mort dans un état putréfactif.

Ceci est l'histoire du peuple dans la Lune : je le crois parce que vous le dites, et que vous êtes, dit-on, savans; mais j'aime mieux le croire que d'aller le voir. Au reste, il faut bien vous croire; la diligence n'y va pas. Si vous m'eussiez dit qu'il y avait des pantins, je l'aurais cru aussi, tant je suis facile.

Je sais pourtant qu'il existe presque partout des parties salines; mais je sais aussi qu'elles ne sauraient y dominer sans danger, à peine d'inflammation dans le règne animal, et de desséchement et de non croissance dans le règne végétal. Aux dépens d'être ennuyeux, je répéterai que les sels sont la partie active, les muqueuses dans le règne animal sont les parties nutritives, et l'humus dans le végétal; je n'en parlerai plus.

Où les sels domineront, point d'existence. Je compare l'action des sels, à l'action de l'eau-de-vie. Un individu boira des liqueurs fortes sans manger, sa vie sera courte. Une terre ne recevra que des sels combinés et préparés, elle sera stérile. Les alliages sont excellens.

> L'excès partout est un défaut ;
> Faut de la vertu, pas trop n'en faut.

J'entends la vertu des sels, l'autre est nécessaire au bonheur des humains.

Après avoir tâché d'éclairer sur les principes de la fécondité, qui se rattachent si évidemment à la stercoration et à la végétation;

Après avoir enseigné à se servir des fumiers simples et routiniers;

Après avoir d'une manière vague parlé de ceux que j'ai imaginé et inventés,

Arrivons de suite au but de notre ouvrage, qui est réellement la méthode d'enseigner, au petit comme gros bientenant, la manière de faire prospérer le domaine le plus ingrat et dans trois ans, c'est-à-dire, je pense que l'on tierce, en fumant tous les trois labeurs, amender dans ce laps de temps toutes les terres.

100 charretées de fumier ordinaire en produiront 1000 par an avec les mêmes pailles et bétail ; il durera huit ans, au lieu de deux, comme le fait le fumier ordinaire. Au reste, il ne s'agit que d'ajouter sur le papier un zéro de plus, et sur un domaine 900 charretées en réalité. Je m'en charge, et défie celui qui me défiera d'exécuter ce que j'avance ; je suis sûr de mon fait par l'expérience la moins douteuse.

L'ART DE LA STERCORATION

D'APRÈS MES PRINCIPES.

TRAITÉ DES ENGRAIS

D'APRÈS MA DOCTRINE EXPÉRIMENTALE.

THÉORIE ET PRATIQUE STUDIEUSE : voilà ma devise.

MON premier ouvrage contenait plusieurs feuillets, à l'article *fumiers ou engrais*, page 70. J'étais loin, et j'en conviens, d'avoir perfectionné la chose, quoique excellente dans son essence ; mais la pratique, toute bonne qu'elle est évidemment, m'a fait naître des idées qui ont perfectionné les choses dans mon cabinet, d'une manière mentale.

Je tiens clairement l'art de fabriquer des fumiers à volonté par le moyen de la stercoration des terres.

Je vais donner cette satisfaction au lecteur, sans doute impatient de me voir raisonner le vrai et l'utile de mon ouvrage : il me semble le voir me dire comme dans *l'Irato* ou *l'Emporté* : *dites donc qu'il faisait clair de Lune* ; ou *au fait, avocat.*

B 5

Je commençai à peu près à la Saint Jean dernière, et continuai jusques au moment des semailles, et sur deux métairies qui possédaient 80 voitures de fumier, dans six mois, avec ce levain que je considérai comme ma matière première, j'ai amendé leurs labourages respectifs à quelque chose près. J'ai fabriqué et fait répandre, dans ce court espace de temps, 600 charretées de fumiers, au vu et au su de tout un pays.

L'avantage est considérable, et cela avec le coût de quelques journées; car, au reste, je n'ai pas encore appris le secret de faire beaucoup avec rien : mais ce qu'il y a de certain, c'est que l'amendement des terres est extraordinaire par le moyen indiqué ci-bas.

Incrédules routiniers, vous voici enfin forcés dans vos derniers retranchemens, et vous serez obligés de convenir de l'évidence : il y a, et je l'ai dit souvent, un bénéfice immense et tout agricole à considérer : c'est que les engrais-terreaux que je fabrique dureront, je ne cesserai de le répéter, huit ans, tandis que vos engrais de paille ou chaume sont évaporés dans deux.

J'ai trouvé donc deux métairies travaillées par 5 paires de bœufs, ayant 80 charretées de fumier.

Voilà notre matière première; commençons à opérer.

Je fis de suite creuser à chaque métairie une fosse de six pans de profondeur, et de cinq à six cannes en carré.

Au reste, plus l'on a de bétail et plus la fosse doit être considérable.

Je fis extraire ensuite les terres d'icelles, qui furent placées sur les pourtours; aussitôt que la fosse fut au point désiré, je fis placer au fond une couche de fumier naturel bien putréfié, pour servir de ferment en dessous, et conserver les sucs et les eaux dont je les fais arroser souvent. La couche doit être de 4 doigts sur toute la surface du bas.

Il faut agir ainsi pour empêcher la terre du fond de se marier et de faire corps avec la terre que je fais remettre dans la fosse. Cet engrais sert de matière fermentescible, donne une chaleur souterraine aux terres jetées, et entretient dans le bas une humidité qui produit un effet miraculeux en procurant la non-coagulation des deux terres ensemble.

Je fis remettre, sur la couche de fumier, la terre extraite de la fosse; un homme était chargé, à mesure qu'elle était jetée, de l'émotter pour la rendre meuble, et de l'aplanir.

Lorsque toute la terre fut placée dans ladite fosse, à quatre doigts près, je fis jeter dessus tout le fumier qui me restait; il y avait dans le trou au moins deux cents tombereaux de terreau en fermentation.

Je fis laisser tout autour, sur la terre friable, un petit conduit ou fossé, pour que les eaux ne pussent déborder, qu'elles fussent forcées de rester dans la fosse, et que les volailles en grattant ne jetassent les fumiers sur le sol aride et sec.

Cette opération finie, je fis jeter quatre-vingts comportes d'eau sur tout le fumier de dessus, qui, comme on le conçoit aisément, emporta les sucs dans le milieu de cette terre, et la bonifia extraordinairement. Je les laissai là deux mois.

Pour avoir encore, lors de l'enlèvement, une grande quantité d'engrais, je fis creuser sous les bœufs, dans leur étable, une fosse de six pans de profondeur, et de toute la longueur des bœufs. Je fis de même extraire la terre, et fis placer toujours dans le fond la couche de fumier de quatre doigts, sans laquelle point de terreaux. J'ordonnai qu'on replaçât, en l'émottant, la même terre extraite, et fis placer dessus des litières fraîches. Ici point d'eau, à cause du bétail.

Les maîtres-valets étaient fort surpris de ces diffi-

rentes opérations; celte classe de gens n'aiment pas
l'*optima stercoratio, vestigia domini*; l'œil du maître ou
de leur représentant leur déplait; ils veulent être
libres, c'est-à-dire, ne faire que le moins possible,
parce que, soit qu'ils travaillent ou non, leurs gages
courent toujours. Cependant tous ne sont pas ainsi; il
est de bons travailleurs; mais les uns et autres cher-
chent, lors des innovations, des ruses pour éviter un
surcroît de travail.

Ils me dirent de suite que cette terre, placée sous
les bœufs, les incommoderait.

Je leur observai que nous ne mettions sous ces
précieux animaux que la terre qui y existait déjà;
que même ils seraient, dans ma manière de voir, plus
sainement et plus mollement.

Je m'explique : plus sainement, parce que les sé-
crétions de tout genre, au lieu de rester sur la surface d'une terre compacte et dure, s'infiltrent dans
le fond de la fosse; plus mollement, par rapport à
la terre ameublie, au lieu qu'en suivant les erremens
de la routine de nos ancêtres, leurs excrémens et
urines leur servaient de litière et leur nuisaient.

Leurs craintes, ou leurs mauvaises raisons n'étaient
point dissipées en apparence; je dis en apparence,
car je ne voyais dans tout cela qu'une crainte du
travail en plus.

Ils disaient d'un air assez singulier, que la terre
que l'on extrairait lors de l'enlèvement serait dans le
même état que lorsqu'on l'y avait mise, c'est-à-dire,
sans nulle putréfaction.

Craignant de l'oublier, je dois dire, et cet article
devrait être après le fumier en plein air, qu'ils disaient
aussi que l'eau que je faisais répandre sur les engrais
produirait seulement le lavage des terres, et les ren-
drait froides et crues.

Je leur observai, ce me semble très-judicieusement. que les terres extraites des fossés aquatiques, des viviers, des canaux, par exemple du canal du Languedoc ou des deux Mers, qui avaient séjourné peut-être vingt ans sous les eaux, étaient excellentes pour l'amendement des terres, une fois élaborées, ou *acouitibados* en patois : mot excellent, et qu'il est difficile de rendre en français; car il veut signifier, parvenues à leur état de perfection pour produire des récoltes de tous les genres et en grande abondance. Et puisque les terres restées ainsi sous les eaux pendant ce laps de temps, sont excellentes, une fois élaborées, pourquoi veut-on qu'une petite quantité d'eau sur un fumier le lave ? Je ne me chargerais pas d'en faire sans cet excellent moyen.

Au reste, l'idée est toute bête; car il n'est pas un paysan qui n'établisse son évier ou courant d'eau de vaisselle, ou de son ménage, droit où est le fumier ; et alors il aime cette humidité, sans laquelle il n'y a plus de fermentation ni de matière fermentescible. Sans eau, le fumier, dans l'été sur-tout, se réduit à rien, car le soleil qui darde dessus les pulvérise et les annulle. Feu contre feu, il y aura *consumation;* on l'évite par le moyen des arrosemens ou irrigations.

Ce raisonnement fut concluant; ils convinrent de l'évidence de la méthode.

Je fis creuser aussi, à l'étable à brebis, une fosse de cinq pans de profondeur, extraire et mettre sur les bords les terres en provenant. Je rencontrai dans cet endroit la plus mauvaise qualité de terrain; c'était de la glaise, ou terre froide, morte et crue, qui n'est bonne que pour les mortiers de terre, ce que les paysans nomment *balmo* dans leur idiome patois.

Pour toujours économiser, et n'avoir pas à charrier cette terre hors de l'étable et être obligé d'en prendre du dehors, pour cette fois seulement, je la conservai pour la remettre dans la fosse ; je fis placer au fond une forte couche de fumier de brebis d'environ quatre doigts de hauteur, bien aplanie, et ensuite je fis remettre, en émottant, la terre dont s'agit. Il faut avoir soin d'avoir un ouvrier qui, avec un trident, qu'ils nomment *bécadelo* en patois, unisse le terrain en le rendant friable. Il faut éviter que les ouvriers le piétinent ; ils ne doivent pas se promener sur cette terre, et rester, chaque fois qu'ils changent de place, sur l'endroit changé. A défaut, si la terre était piétinée, les infiltrations des urines et excrémens des moutons se feraient difficilement, la terre étant compacte.

Il faut faire attention de ne creuser l'étable que dans le milieu, et laisser quatre pans à côté des murailles, pour ne pas nuire à la solidité des bâtimens.

J'avais encore une difficulté à vaincre très-essentielle. Les moutons ont l'habitude le lécher les murailles, et de s'y frotter. Ils trouvent une espèce de salpêtre, *salnitrum*, nitre, acide nitreux, combiné avec l'alcali fixe qu'ils aiment beaucoup, et qui leur nuit ; cette coutume fait qu'ils aiment mieux rester ou se coucher le long des murs de leur étable, et alors le crottin et excrémens de tout genre n'auraient pas bonifié la terre de la fosse.

J'imaginai, et c'était le seul moyen à exécuter, de faire un parc au milieu des étables ; et l'ayant fait établir par des piquets et des planches tout autour de la fosse, j'ai forcé ces animaux à rester sur la terre du carré, et mon but fut parfaitement rempli. J'attendis deux mois le résultat de mon procédé stercorique.

Il faut que je l'avoue franchement : je ne me serais pas attendu que la terre glaise, *argila* en latin, qui est composée de matières hétérogènes, mêlées par l'eau, et particulièremennt de débris de pierres calcaires, pût se pulvériser et entrer dans un état putréfactif, comme il le faut pour les terreaux. L'expérience m'a montré, à mon grand étonnement et à ma grande satisfaction, que la méthode était bonne. Le 4 septembre 1821, je procédai à l'ouverture des fosses ; je trouvai cette terre parfaitement fermentée et dans le meilleur état pour les engrais. Elle était totalement pulvérisée, devenue noire comme du jais, étant pourvue d'un calorique solide, et d'une odeur à ne pas pouvoir résister dans l'étable à brebis.

Je commençai par l'étable à bœufs. La terre que nous tirâmes de dessous ces animaux, était parfaitement putréfiée ; elle exhalait une odeur très-forte, était verdâtre et remplie de vermillons ; elle se coupait avec des pelles de bois comme du fromage, ce qui est la meilleure marque de sa bonté, et par conséquent de son excellente qualité. J'assure MM. les Propriétaires, et je leur prouverai, s'il le fallait, que jamais les bœufs n'ont été incommodés par cette opération en raison des terres placées sous ces animaux.

Voulant faire ailleurs l'expérience, je fus, d'après l'invitation de Mme Banse, à Pechabou, et pour le plaisir seulement d'être utile à cette respectable famille, faire pratiquer sous les bœufs ma méthode.

J'assure encore que, chez cette dame, les bœufs n'ont rien éprouvé de fâcheux pour leur santé.

Passant de là à l'étable à brebis, je fis piocher le terrain. Dès les premiers coups de bêche, nous retirâmes, au vu et su de tous les ouvriers, une terre comme du tabac, et dans l'état le plus satisfaisant pour les engrais ; elle était totalement stercorisée.

Les paysans et les maîtres-valets furent agréablement surpris de ces différentes opérations ; leurs craintes pour les bœufs furent dissipées, et ils rendirent hommage à l'évidence et à l'excellence de la méthode.

Depuis la Saint Jean dernière, sur trois paires de labourage, j'ai fait porter huit cents charretées de terreaux sur ses champs. Partout où ils ont été charriés, les récoltes sont surprenantes. Jamais sur ce domaine l'on n'en avait porté sur les guérets plus de cent par année. Ainsi dans trois ans, c'est-à-dire, quand j'aurai passé sur les trois labeurs en tiercement, ce bien changera de face, et cela à peu de frais.

Je me transportai enfin avec les ouvriers à la fosse établie en plein air. Je commençai à faire mettre de côté tout le fumier superficiel pour n'enlever que les terreaux. J'observe, en passant, qu'il faut, pour ces différentes et excellentes opérations, avoir auprès des métairies une mine de bonne terre (cela n'est pas difficile sur un domaine), le plus près possible, pour éviter autant qu'on pourra les journées pour le transport à la brouette par des ouvriers.

Dès les premiers coups de bêche, nous vîmes sortir une fumée épaisse, et la chaleur que ces terreaux exhalaient était très-forte, au point que les ouvriers ne purent rester nu-pieds sur ces matières. Ils prirent tous leurs sabots.

Je fis enlever toute la terre devenue fumier; j'avais commandé trois paires de bœufs avec des tombereaux, et de suite ces matières putréfiées étaient chargées et portées sur les différens assolemens.

La qualité était excellente, la couleur était d'un vert-de-gris, toujours pleine de vermillons, ayant parfaitement conservé sa fraîcheur par le moyen des irrigations que j'avais fait entretenir. Au reste, il faut, s'il ne pleut pas dans l'été, faire arroser ces fumiers chaque dix jours, et en hiver chaque vingt, si les pluies sont rares comme cette année.

Ayant fait porter ces terreaux sur les guérets, je les fis éparpiller, répandre ; et cette fois, comme nous n'étions pas au temps des semences, je les fis couvrir par un léger labour, ce que les paysans appellent en patois *laoura soum*. Par ce moyen les pluies ne peuvent les laver, ni le soleil les dessécher.

Dans le moment que j'écris, c'est-à-dire, le 1.er avril 1822, je fais creuser les fosses ; eh bien, j'ai dans trois trous en plein air, dans deux étables à brebis et deux à bœufs, trois cents charretées de terreaux qui se transportent sur les champs.

Je vais de suite en fabriquer autant, en recomblant tous ces endroits à mine de blés et de récoltes de tous les genres ; la qualité est peut-être meilleure que celle des premiers ; je l'attribue à la fosse, qui étant constamment, depuis la Saint Jean dernière, dans un état continuel de fermentation, putréfie plus vîte les matières, et d'une manière plus solide.

La grande quantité de terrain suivie par ces masses stercoriques, attiraient les cultivateurs et les propriétaires. Plusieurs vinrent me voir sur les champs amendés. C'est là mon champ de bataille ; et j'aime d'être présent à toutes les opérations : c'est le moyen d'y voir clair, et que la besogne se fasse dans les bonnes formes. Ils me questionnèrent sur la manière de fabriquer autant d'engrais ; ils prenaient dans leurs mains ces matières, les pulvérisaient, les écrasaient et les sentaient, et convenaient que le procédé était excellent.

Un d'entr'eux, qui est très-judicieux, dit aux autres, dans son idiome patois : Comment ne voulez-vous pas que le procédé de M. Francès aîné soit bon ? Il est même évident ; car la terre seule transportée sur un champ d'un endroit à l'autre, l'amende ; jugez, dit-il, lorsqu'elle a passé deux mois entre deux fu-

miers. Le raisonnement est très-juste; ils en convinrent. Ils trouvaient extraordinaire la quantité de
terrain amendé dans si peu de temps par mes terreaux.

J'avais suivi toutes les terres à ensemencer pour
l'année, tandis que par la routine l'on n'était jamais
parvenu, dans tout l'an, à en fumer le quart.

Je prouverais tout ce que j'avance, si j'étais inter-
pellé. Ma méthode est et sera continuellement en
vigueur, et nous possédons une quantité d'engrais
extraordinaire; et des terrains qui n'avaient jamais eu
que des blés chétifs, en ont dans le moment présent,
et cela peut se voir, d'une beauté surprenante.

Au reste, c'est sur un côteau; eh bien, il est plus
beau que tous les blés de rivière; et je veux encore
ajouter, cela est vrai, le plus beau blé de trois lieues
à la ronde; c'est chose étonnante à voir : celui qui
voudra s'en convaincre, le pourra aisément. M. Douladoure donnera mon adresse. La première qualité
d'un écrivain est de dire *vrai*.

Une visite, après tant d'autres, qui me fit le plus
grand plaisir sur les champs mêmes, fut celle de
M. Fraissines père, membre distingué, honorable,
honorant, et honoré de la Société royale d'Agriculture de Toulouse. Cela me flatta d'autant plus, qu'il
a presque le premier encouragé mes premiers pas dans
la partie de l'agriculture, en étant nommé commis-
saire par cette Société savante, pour vérifier mon
premier ouvrage qui, par l'encouragement dont je
fus honoré, m'a fait naître l'idée de pratiquer cet
art et de continuer d'écrire sur cette essentielle partie;
voilà le produit de l'encouragement; mon premier
ouvrage a eu le plus agréable succès, et l'éloge qu'en
a fait M. Arsène Thiébaut de Berneaud, homme
très-instruit, et rédacteur des Journaux et de la

Bibliothèque physico-économique des Propriétaires ruraux et savans de la Capitale, n'a pas peu contribué aussi à m'encourager.

Le Journal de ce savant portait, à l'article me concernant du mois d'octobre 1820, page 228, avant-dernier article :

« L'ouvrage de M. Francès aîné, in-8.°, 110 pages, » contient de fort bonnes choses ; il annonce dans son » auteur une pratique solide et parfaitement rai- » sonnée. »

Ce Journal me fut transmis par le respectable M. de Villèle, le père de M.ᵍʳ le ministre des finances.

Pour revenir à l'agréable visite de M. Fraissines père, je dirai d'abord que ce monsieur est un agriculteur consommé. Son domaine de Castelnau ressemble à un jardin, tant il est cultivé d'après le bon système.

Il vérifia les engrais, il fit emporter même chez lui une grosse motte de terreaux pour l'expérimenter au soleil. Il m'a toujours dit que ma méthode était évidemment excellente. Il connaît parfaitement les terrains amendés par mon procédé, ainsi que les récoltes. Il finit par me dire qu'il en ferait son rapport à la Société agronomique de Toulouse.

Propriétaires enterrés dans la routine, qui criez continuellement à l'expérience, qui dites d'un air assez comique : *Il faudra voir ; nous verrons ; l'on verra*, et qui ne voyez rien depuis long-temps : répondez-moi ; car je vous assigne devant le tribunal de l'évidence.

Sont-ce des théories, des jongleries, ou des faits établis d'une manière expérimentale que je vous raconte ?

Reconnaîtrez-vous enfin vos plus chers intérêts ? Voulez-vous, oui ou non, fabriquer mille charretées d'engrais excellens sur un domaine qui n'en possé-

dait jadis que cent , avec les mêmes pailles et bétail
et à très-peu de frais, avec encore cette énorme différence que , par mon procédé de la stercoration , les
fumiers dureront huit ans , et que vos fumiers ordinaires seront de nul effet dans deux ?

Au reste, je défie le premier propriétaire de m'empêcher, s'il le veut , et s'il a cent charretées de fumier
à sa disposition , de fabriquer chez lui les mille dont
j'ai parlé. Que l'on me prévienne quinze jours d'a-
vance , car je ne puis donner qu'un jour franc , et
qu'il ait plusieurs ouvriers à la fois , il verra d'une
manière claire l'art de la stercoration dans sa perfection. ›

Mais que dis-je ? par le moyen de mon ouvrage
l'on peut agir sans moi ; mais l'on pourrait crier à la
gasconade : j'irai , c'est arrêté.

Le défi est clair ; le duel stercorique est convenu,
arrêté : au plus hardi , ou, pour mieux dire , au
plus intelligent , à celui des propriétaires qui aimera
le plus ses intérêts ! C'est à celui-là que je m'adresse,
et pas aux chicaneurs des méthodes vraies.

Mais un jour seulement ! c'est encore prouver que
l'opération n'est ni longue , ni dispendieuse. Par le
moyen que j'indique , le domaine le plus ingrat peut
être dans trois ans en plein rapport.

Je dois dire que l'intérêt de ce *jour* ne me guide
pas, et que je refuserais de me rendre au lieu où
l'on me proposeroit le plus léger bénéfice ; c'est l'intérêt général et mon amour-propre qui me guident
dans cette conjoncture, et je désire faire voir que
j'ai raison : lorsque l'on est sûr de son fait , l'on est
fort.

Je vois avec mal au cœur que certains propriétaires
peu intelligens , quoique , dit-on , nous soyons dans
le siècle des lumières..... A propos de lumières , je

passais ;

passais, il y a un mois, pour affaires à Toulouse, dans la rue des Orfévres, et vis une enseigne portant pour devise : *Aux lumières du siècle.* Je ne vis que des quinquets.

L'auteur de cette amphibologie ingénieuse a raison. Tout le monde voit clair avec de la lumière, excepté les aveugles. Il y a des aveugles clairvoyans, ce sont les gens bornés ; ils seront toujours aveugles : *Oculos habent, et non videbunt,* etc.

Ayons donc, sur-tout en agriculture, des lumières, des méthodes, des principes fondamentaux, et nous doublerons nos récoltes.

Les propriétaires dont je parle commettent contre leurs plus chers intérêts des fautes très-graves.

1.º Les uns livrent leurs pailles ou chaumes à des aubergistes, moyennant, et toujours à leurs frais d'enlèvement, le bénéfice de tous les fumiers.

2.º Les autres ont la bonhomie d'acheter les fumiers nouveaux des écuries de la cavalerie royale, qui leur revient au moins, rendu chez eux, à 6 francs la voiture ; car sur ce prix, je compte 3 francs par attelée de paire de bœufs, ou *réjunto* en patois, comme tout le monde les paye.

De manière qu'il ne faut pas être mathématicien pour dire, même sans Barême, que mille voitures de ce mauvais fumier, je l'appelle mauvais, je le prouverai, coûtent 6000 francs ; il y a même une observation judicieuse, car peu de ces gens qui charrient à grands frais ces engrais, ignorent complétement ce que c'est que ces fumiers.

Ils ne peuvent et ne doivent les porter sur les guérets qu'un an après leur extraction des écuries ou cours du Gouvernement, par la raison que les chevaux ne peuvent produire une mastication suffisante des graines de foin et des herbages qui y sont

C

contenus , vu leur petitesse , parce qu'elles sont trop menues ;

Qu'ils sont si friands de l'avoine, qu'ils en avalent au moins un quart sans la mâcher ; que même cette céréale contient une grande quantité de graines parasites , et qu'ils les rendent dans le fumier comme ils les avalent , et qu'alors ceux qui portent ces matières qui ne sont pas passées par l'étamine de la stercoration ou putréfaction , au lieu d'abonnir leurs terres , les infectent d'herbages et empoisonnent leurs domaines, tout en dépensant des sommes immenses , et croyant s'enrichir par des récoltes abondantes.

Ce n'est pas que je veuille dire que ces engrais soient de mauvaise qualité dans leur essence , mais il faut qu'ils se stercorisent un an au moins ; parce que les graines germent dans les fumiers , croissent , et le calorique qu'ils contiennent sans humus les fait aussitôt périr ; elles renaissent encore jusques à deux et trois fois , vu la quantité de germes que le fumier leur procure ; elles naissent et meurent successivement , la graine finit par se putréfier , et alors seulement vous pouvez les porter sur vos guérets.

Tout le monde a vu sur les bords des fumiers des herbages d'une vigueur extrême , ce sont les graines des herbes que le bétail a avalées sans les mâcher.

Les charrier à l'instant de l'enlèvement est une erreur grossière et anti-agricole , une véritable infection de vos terres et de vos domaines.

Je puis citer , à l'appui de ce que j'avance , un propriétaire (M. P....) qui, en 1793, porta sur son domaine à Cornebarrieu , une quantité étonnante de fumiers , au point qu'il en fit mettre trois doigts de hauteur sur toutes ses terres à ensemencer ; ils étaient extraits alors des écuries du Gouvernement ; deux paires de mules tous les jours charriaient un voyage chacune.

Tous les paysans disaient : Quelle récolte aura ce propriétaire !

Eh bien, Messieurs, il n'eut que de l'herbe ; à peine il récolta la semence : je nommerai le domaine à qui le voudra, et le prouverai par les paysans ; il faut dire que, à proportion des voyages, on les déposait sur les champs, croyant éviter un second transport.

Ceux qui donnent leurs pailles ou chaumes à des aubergistes, courent risque d'être dupés : je me tais.

D'abord, leurs bestiaux perdent beaucoup de leur nourriture ; car c'est commettre le grand péché d'ignorance agricole, si avant de mettre en litière les pailles ou chaumes, l'on ne les présente pas dans les râteliers aux bestiaux, qui mangent les herbages et feuilles des pailles et chaumes, et ce n'est que les tuyaux qu'ils laissent, qu'il faut livrer à la putréfaction.

Eh, mon Dieu ! qu'avez-vous besoin de tant de tracas ? Vous écrasez vos bœufs par les transports ; vous les exposez à la chaleur, à la pluie. Les bœufs doivent rester autour du domaine pour labourer, et non pas en charrois. Le bœuf est accoutumé à fouler sous ses pieds de la terre douce. Venant de deux ou quatre lieues, il arrive sur le pavé de la ville, et se meurtrit les pieds ; il boîte et souffre.

Je ne crains pas de le dire : une paire de bœufs, venant seulement de deux lieues à la ville, souffre plus dans une attelée que sur dix de labour, sans compter que si une pluie les attrape en route tout suans, ils prennent des coups d'air affreux qui leur nuisent beaucoup, que les paysans appellent en patois *bentados*.

Il y a même une autre raison. Voulez-vous être

C 2

mal servis, faites venir souvent vos paysans à la ville.
Vous verrez bientôt changer leur caractère, et de
simples, bons et honnêtes gens qu'ils étaient, à force
d'enter les cabarets et autres lieux, ils deviennent des
demi-avocats, ne parlent que de procès, de ruses
et de tournures, et les maîtres sont mal servis.

Je pourrais aller plus loin; je me tais; je laisse
deviner le reste :

Allons, chut, Grégoire, point de médisance.

J'oubliais de parler des fumiers stercorisés sur les
champs mêmes d'un difficile transport, sur un côteau
inaccessible. Je le fabrique là, comme partout ailleurs,
de deux manières économiques.

La première consiste à faire sur les lieux mêmes
une fosse comme je l'ai indiqué plus haut; il faut aussi
qu'elle soit voisine de quelque mare d'eau, fossé
aquatique, ou fontaine.

Vous faites porter, à dos d'âne ou de mulet, le
fumier le plus pourri de votre domaine, et vous suivez
ensuite la même marche que pour les autres fumiers.

Il est encore un moyen : si vous ne pouvez, vu la
rapidité du terrain, y apporter du fumier, je vais vous
indiquer la manière de vous en procurer d'un genre
artificiel et à peu de frais. Il sera aussi excellent et tout
transporté sur les champs à amender. Il est moins
embarrassant, peu pénible pour le bétail, et moins
coûteux pour les propriétaires. Cette série d'avantages
est à réfléchir pour l'exécution de ce travail.

Il faut toujours faire une fosse qui, au lieu d'être
comme les fosses ordinaires qui servent à enterrer les
humains, lorsqu'ils ont cessé de parcourir la vallée
des larmes (mais les miennes sont pour enrichir ou
nourrir les vivans), soit faite comme je l'ai indiqué
pour la fosse en plein air, avec cette différence qu'il

faut établir au fond de celle-ci une croûte de chaux vive, l'éteindre vîte avec de l'eau, remettre la terre extraite, sur laquelle l'on mettra encore une couche de trois doigts de chaux vive bien écrasée. L'on pratiquera avec des pieux de bois des trous très-rapprochés, à force de maillet, pour que l'eau de chaux puisse facilement pénétrer la masse de terre, et la réchauffer considérablement.

Faites de suite jeter une grande quantité d'eau sur la chaux vive, de manière qu'elle nage, et que par les trous pratiqués avec les pieux elle descende et s'infiltre dans la masse de terre ; il faut qu'elle nage ; ceci n'est point du ciment, comme le font les maçons, que nous voulons faire, c'est de la terre à réchauffer et à garnir de sels végétatifs.

Il est facile de concevoir que laissant un mois seulement cette terre parmi ces matières remplies d'ardeur, et par conséquent de sels végétatifs, elle aura acquis un degré de calorique excellent pour les terres en général, mais surtout pour les boulbènes froides ; cet engrais sera tout transporté ; vous n'aurez qu'à charrier du champ sur le champ même, au lieu de faire souvent des lieues entières pour les transporter ; ce qui fait que toutes les pièces de terre éloignées des bâtimens sont plusieurs années sans engrais, et par conséquent d'un mauvais rapport.

Faites une remarque que j'ai faite souvent : toutes les pièces de terre voisines des bâtimens, ou peu éloignées, sont en plein rapport, et amendées chaque année. Les pluies surviennent ; l'on craint pour le bétail, les boues empêchent les transports ; la paresse, la négligence, contribuent autant que l'éloignement à ce que les terrains éloignés ne soient jamais réparés ou amendés.

Ainsi, par mon procédé du champ sur le champ

C 5

même, tous ces inconvéniens graves, mais vrais, disparaîtront, et les terres les plus éloignées de vos manoirs seront soignées comme les plus rapprochées.

Le résultat sera, le ménagement des bestiaux, l'économie, et des amendemens très-productifs à des champs qui, depuis que vous les possédez, n'auront reçu aucune espèce d'engrais. Ainsi tous ces différens avantages sont réels, précieux et évidens sous tous les rapports.

Voici un autre genre d'engrais fort utile et très-agréable, dont cette année j'ai fait l'expérience sur demi-arpent de vigne.

Ayez un hectolitre, ou plus si vous le voulez, de poudrette alkalino-végétative que l'on vend à Toulouse, au domaine de Gounon, route de Muret ; prenez pour un hectolitre cinq comportes, c'est un cinquième pour chaque ; faites-les remplir d'eau, et délayer avec un balai rude et grossier cette matière, ou civette occidentale, comme les auteurs anciens la nomment, pour éviter des expressions qui pourraient choquer des oreilles délicates, et tâchez qu'il ne reste pas de dépôt épais au fond. Arrosez ensuite vos semis rares, plantes, fleurs et arbustes de toute espèce, avec cette composition liquide ; vous serez étonnés de la force végétale de tout ce qui sera ainsi fumé en arrosement.

Dans les pays où il n'y a point de poudrette, ayez de la colombine, ou en latin *stercus columbinum*, ou fiente de pigeons, faites-la écraser et pulvériser, et préparer comme je viens de le dire pour la poudrette.

Mais je préfère la poudrette ; elle renferme plus de calorique, d'alkalis, sur-tout dans le moment présent, où les urines humaines, qui étaient versées et perdues autrefois, entrent aujourd'hui dans leur composition, en raison des vins et liqueurs spiritueuses dont les hommes font un si funeste usage contre leur santé ; cela vaut mieux que tous les engrais des animaux. Ne craignez pas, comme l'ont débité certains individus, que les poudrettes donnent de mauvaises odeurs aux plantes ; elles sont inodores, et par conséquent ne peuvent communiquer ce qu'elles n'ont pas. Il ne faut employer cette préparation que sur des plantes qui vous sont chères ou agréables.

Je viens de faire planter demi-arpent de vigne, et ai fait arroser chaque sarment avec la composition de colombine délayée. J'espère le meilleur résultat de cette opération.

Parlons à présent du soin des colombiers ou pigeonniers ; ce qui se rattache à mon Opuscule, à raison du *stercus columbinum*, ou fiente de pigeons, fumier très-chaud et très-essentiel, sur-tout pour les vignes ; au reste, il est excellent pour toutes plantes et arbustes ; mais il faut s'en servir avec ménagement, de peur d'échauffer les plantes ainsi amendées.

Les pigeons sont des animaux timides et peureux, il ne faut pas les troubler dans leur demeure, et sur-tout faire tenir propres les boulins ou paniers de pigeons. Il faut avoir grand soin de les nettoyer, et de les préserver des insectes qui les désolent et les forcent à abandonner les colombiers sales, et où les punaises, les poux et les puces les dévorent ; il n'y a pas d'animal qui attire plus les punaises que les pigeons.

Il faut nettoyer les pigeonniers quatre fois l'année ; la première, au commencement de l'hiver ; la seconde, après l'hiver, et avant que ces oiseaux aient commencé leur ponte ; la troisième, après leur première volée, et la quatrième, quand la seconde est passée.

On ne doit jamais troubler les pigeons fuyards quand ils couvent ; autrement on les effarouche jusques à quitter quelquefois leurs œufs pour n'y plus revenir.

Le fumier qu'on ôte doit être remué doucement, de peur que la poussière ne gâte les œufs.

Il faut se presser lorsque l'on nettoie le colombier, de peur que les œufs qui sont dans les boulins ne se refroidissent; il faut aussi jeter toutes les saletés qu'il y a dans les nids, toutes les fois qu'on prend les pigeonneaux qui y sont, et jeter dehors tous les pigeons qu'on y trouve morts, ou languissans, de peur d'empuantir le colombier. Il faut s'abstenir de manier souvent les pigeonneaux, car c'est le moyen de les faire abandonner par le mâle et la femelle; il ne faut pas agir par motif d'une curiosité dangereuse.

Pour préserver les pigeons des maladies, il faut parfumer le colombier avec des herbes odoriférantes, comme lavande, thym, romarin, benjoin, etc.

J'ai fait cette année une réparation que je crois très-utile à un colombier. Il était rempli de punaises très-grosses, et d'autres insectes dévorans.

Je fis mettre dehors tous les boulins, je les fis bien battre avec un bâton. Je fis recrépir l'intérieur, et puis je fis passer au pinceau une couche de chaux vive. Je fis ensuite porter une comporte pleine d'eau. J'avais de la chaux en pierre, et la fis jeter dedans. L'ébullition se fit, et je faisais tremper chaque panier dans cette eau de chaux. Je suis parvenu à nettoyer le colombier au point que les pigeons sont beaucoup plus nombreux.

Si l'on veut conserver les pigeons et en attirer d'autres, il faut faire un pain avec de la glaise, y mêler des vesces, du millet, du blé, de la morue pourrie, du sel, du cumin que les pigeons aiment à folie, puis le placer dans le pigeonnier, et vous verrez augmenter considérablement leur nombre et retenir ceux qui y étaient.

Si vous voyez un voisin panser les pigeons,

hâtez-vous de les panser aussi, autrement ils désertent.

Le pigeon est très-attaché à sa demeure, une fois bien traité, bien nourri et pas tracassé : point de bruit autour d'un colombier. Au reste, le meilleur moyen de conserver ses pigeons, est de les bien nourrir et de tenir le colombier net.

Il y a une anecdote sur cet oiseau qui est très-curieuse et très-remarquable. Les pigeons ont un attachement particulier pour leur ancienne demeure. Les Romains en tirèrent, pendant le siége de Modène, un avantage considérable. Ils avaient transporté au camp des pigeons de la ville, et ils avaient envoyé au Gouverneur de la ville des pigeons de la campagne, qu'on lâchait de part et d'autre quand il y avait quelque chose d'important à faire savoir.

La même chose se pratique encore tous les jours entre nos marchands français d'Alep et leurs correspondans d'Alexandrie. Par le moyen des pigeons qu'ils lâchent pour retourner à leur ancienne demeure, ils se donnent réciproquement avis de l'arrivée des vaisseaux d'Europe, de leurs chargemens, du prix courant des marchandises, du passage des caravanes, et de tout ce qui peut intéresser leur commerce.

Le fumier de pigeon est très-estimé; il est excellent pour les vignes, mais il faut savoir l'employer avec prudence. Il en faut, à chaque souche, une forte poignée que l'on mêle avec un peu de terre, et puis on le pose au pied de la souche, que l'on recouvre vîte. Il contient beaucoup de calorique; il est, par conséquent, très-ardent. Ce fumier est propre à tout : mis au pied des artichauts, il fait merveilles; toutes les plantes au bas desquelles il est placé, sont d'une végétation extraordinaire.

Ainsi, soignons nos colombiers, nourrissons bien

nos pigeons, tenons propres leurs habitations ; et par le séjour continuel de ces oiseaux sur nos domaines, nous aurons en quantité du *stercus columbinum*, ou fumier de pigeon. Les Gênois viennent à Toulouse et ailleurs l'acheter, à 5 francs le sac, pour leurs orangers, tant ils sont convaincus de sa bonté.

Je finis en faisant une réflexion. L'on a vu dans le cours de mon ouvrage la manière de fabriquer une quantité immense d'engrais, en stercorisant la terre. Mille charretées de fumier pris dans les villes coûteraient 6000 francs. Eh bien, de la manière que je les fais établir, il ne coûtera pas plus de 300 fr.

Tout ce que j'ai dit, toutes les preuves à l'appui, feront-ils sortir des ténèbres anti-agricoles les entêtés de la routine ?

MM. les Propriétaires, vous travaillez sans cesse à faire produire vos domaines ; le moyen que je vous offre est pour vous enrichir : faites des engrais en quantité, et vous arriverez vîte à l'abondance des récoltes.

Un écrivain de Paris, à la vérité fort savant, reproche dans ses écrits, aux auteurs agricoles en général, de négliger leur style.

Nous manquons de bibliothèque ; les champs, les bois, les prés, les vignes, nous instruisent par l'expérience.

Eh, Messieurs, laissez-nous donner des faits, de bonnes méthodes ; soyez indulgens, encouragez-nous ; vous avez dans cette vie les roses, un agriculteur rencontre à chaque pas des ronces et des épines. Songez à la peine que nous prenons : le chaud, le froid, les pluies, la neige, les frimas, etc., le commerce continuel et journalier avec une classe d'hommes, très-estimables d'ailleurs, mais sans instruction ; tout cela restreint les idées, et fait passer à l'agriculteur une vie pénible, mais belle et sentimentale, une vie de philosophe.

Vous êtes dans des palais ; vos rapports sont continuels avec des gens de lettres ; votre vie est toute scientifique : la nôtre est obscure, et peu instructive quant au style ; mais nous l'aimons ; nous sommes loin du chaos des villes, et par conséquent des intrigues ; et sans quelques études, bien faites à la vérité, nous n'oserions prendre la plume. Mais par vos encouragemens et votre indulgence, nous réussirons à être vraiment utiles à la société.

L'agriculteur nourrit le luxe et la mollesse ; sans lui tout est perdu ; aidez-nous de vos lumières, et vous verrez paraître, non pas des fleurs de rhétorique, mais des procédés lucratifs pour notre patrie, et sans doute des méthodes à suivre à l'avenir.

Cependant je pense qu'avec beaucoup d'application, nous parviendrions à contenter l'oreille par l'harmonie des périodes, et l'imagination par la pompe du style ; mais la raison et l'esprit ne seraient point satisfaits en matière d'agriculture ; peut-être même les méthodes seraient sacrifiées à ce genre de gloire.

J'aime mieux des idées pressées par un enchaînement vif, fort et véridique, quoique avec un style un peu négligé ou peu scientifique ; elles portent à l'âme de l'agriculteur la chaleur agricole de l'intérêt personnel, tandis que ces phrases sonores et cadencées ne disent rien que de futile à l'esprit et à la raison.

Elles ressemblent à ces pièces de musique, dépourvues de chant et d'expression, qui ne font que remplir l'oreille d'un vain bruit, sans parler au cœur.

Il faut une profonde connaissance du sujet que l'on traite, pour le communiquer, par un style serré et pressant, à l'âme du lecteur, par l'arme de l'évidence, de l'expérience, et sur-tout de la vérité :

Positum sit, in primis, sine veritate non posse effici quem quærimus eloquentem.

MM. les Propriétaires, faites des fumiers par le moyen de ma méthode, et vous doublerez vos récoltes.

Dans trois ans, le domaine le plus négligé et le plus ingrat sera en grand rapport.

Songez à la stercoration, et vous vous enrichirez promptement.

F I N.

Tous les exemplaires qui ne seraient pas revêtus de la signature de l'auteur, apposée, non par griffe, mais à la main, conforme à celle ci-bas, seront réputés en fraude et au préjudice du signataire, et extrà *son consentement, et le contrefacteur sera poursuivi d'après les lois.*

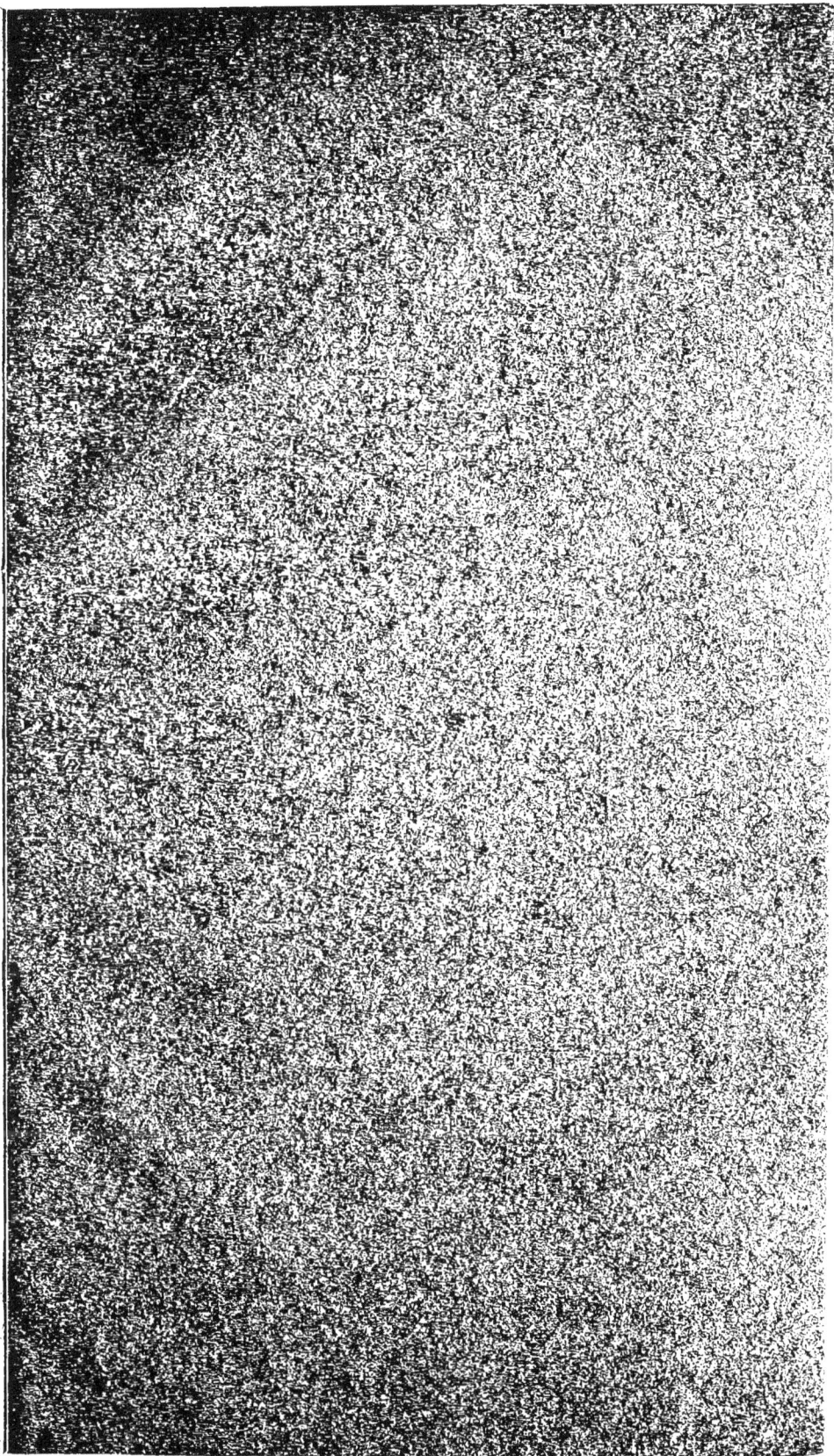

MANIÈRE d'amender les champs... champs mêmes, par un engrais... économique, au moyen de la ...

COMPOSITION simple et facile d'un engrais liquide pour les arrosemens, les semis précieux, arbustes rares, contre-espaliers et autres fleurs de luxe ou d'agrément, et mélanges graphiques ; (les vignes grêles à petite quantité.)

MANIÈRE d'établir les fosses à fumier dans les étables à brebis ou moutons, sans aucun inconvénient.

PROCÉDÉ pour établir aussi la fosse à fumier sous les bœufs dans leurs étables, sans nuire à ces animaux essentiels, et par ce moyen fabriquer une quantité immense de fumier.

L'Auteur de l'Art de la ... a donné au public plusieurs Ouvrages d'agriculture tous suivis, dont les éditions ont été promptement épuisées et redemandées. Plusieurs Sociétés agronomiques les ont couronnés, et ce sont ces mêmes Ouvrages qui l'ont fait admettre honorablement dans leur sein.

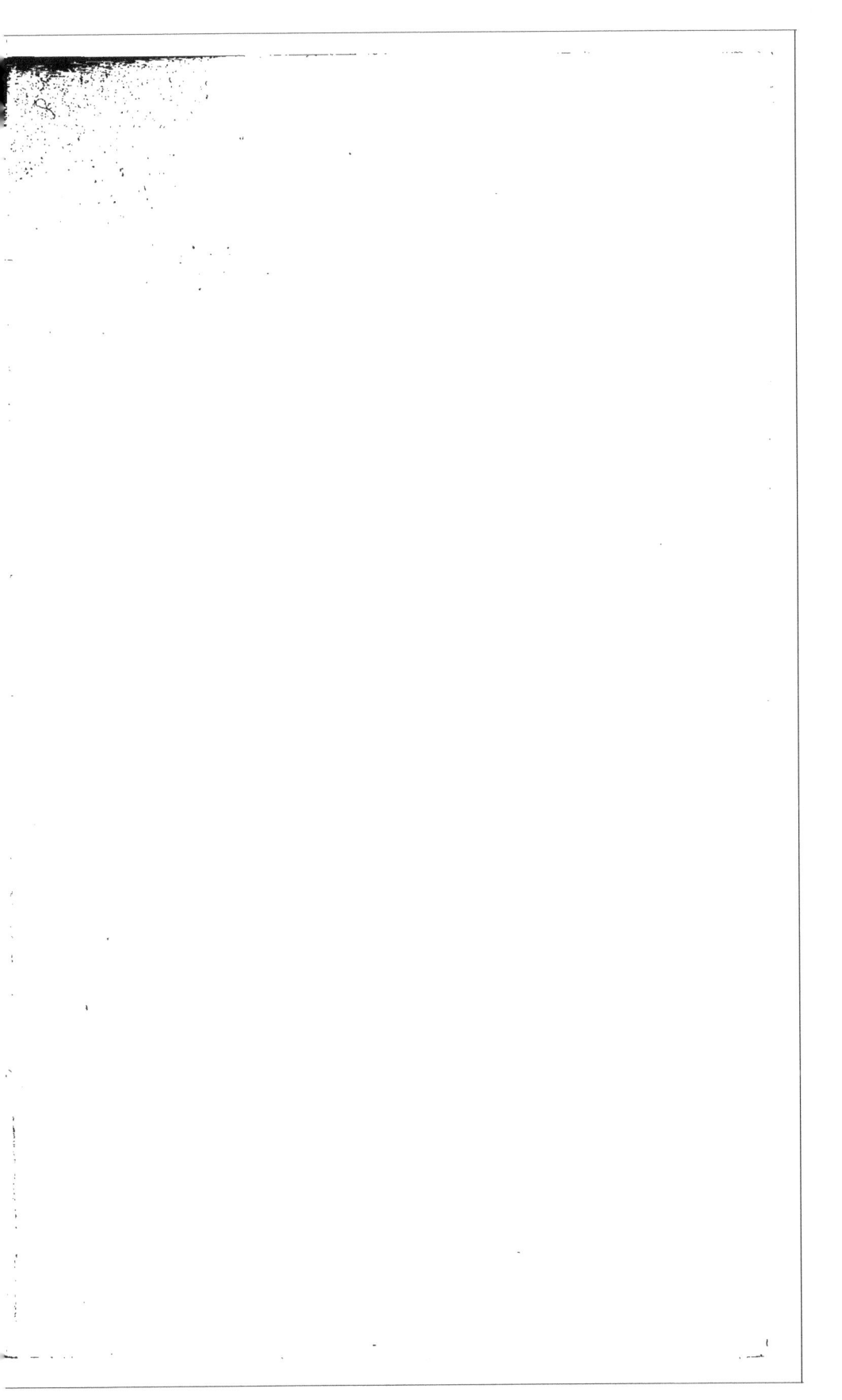

BIBLIOTHEQUE NATIONALE DE FRANCE

3 7531 04113983 4

www.ingramcontent.com/pod-product-compliance
Lightning Source LLC
Chambersburg PA
CBHW071318200326
41520CB00013B/2821